U0155448

哈哈哈！有趣的动物（第一辑）

蝉

〔法〕蒂埃里·德迪厄 著
大南南 译

湖南教育出版社
·长沙·

我感觉像在锯木厂里！

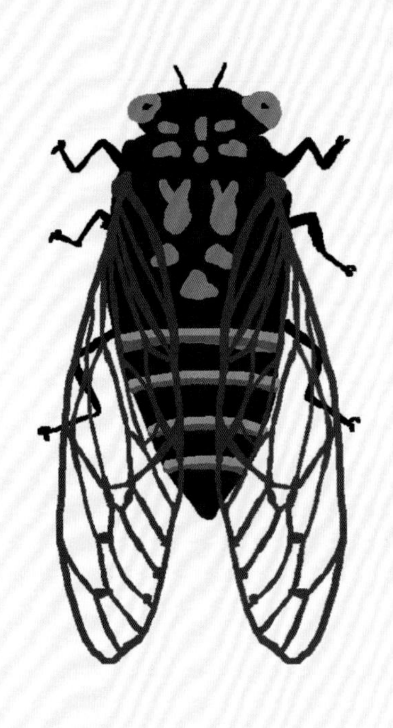

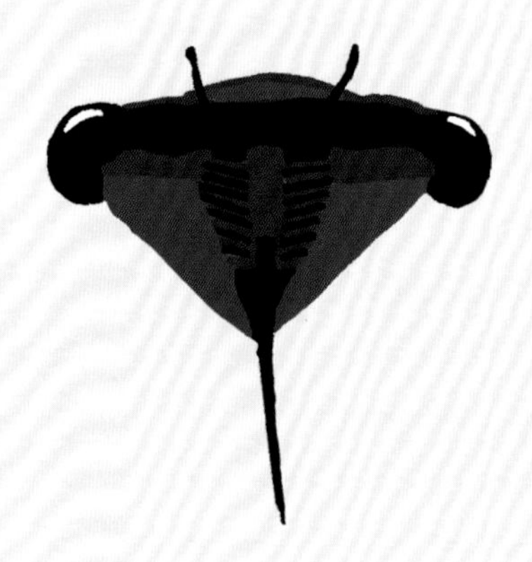

蝉是一种昆虫。

蝉的叫声是地球上最吵的声音。

蝉吸食树汁。

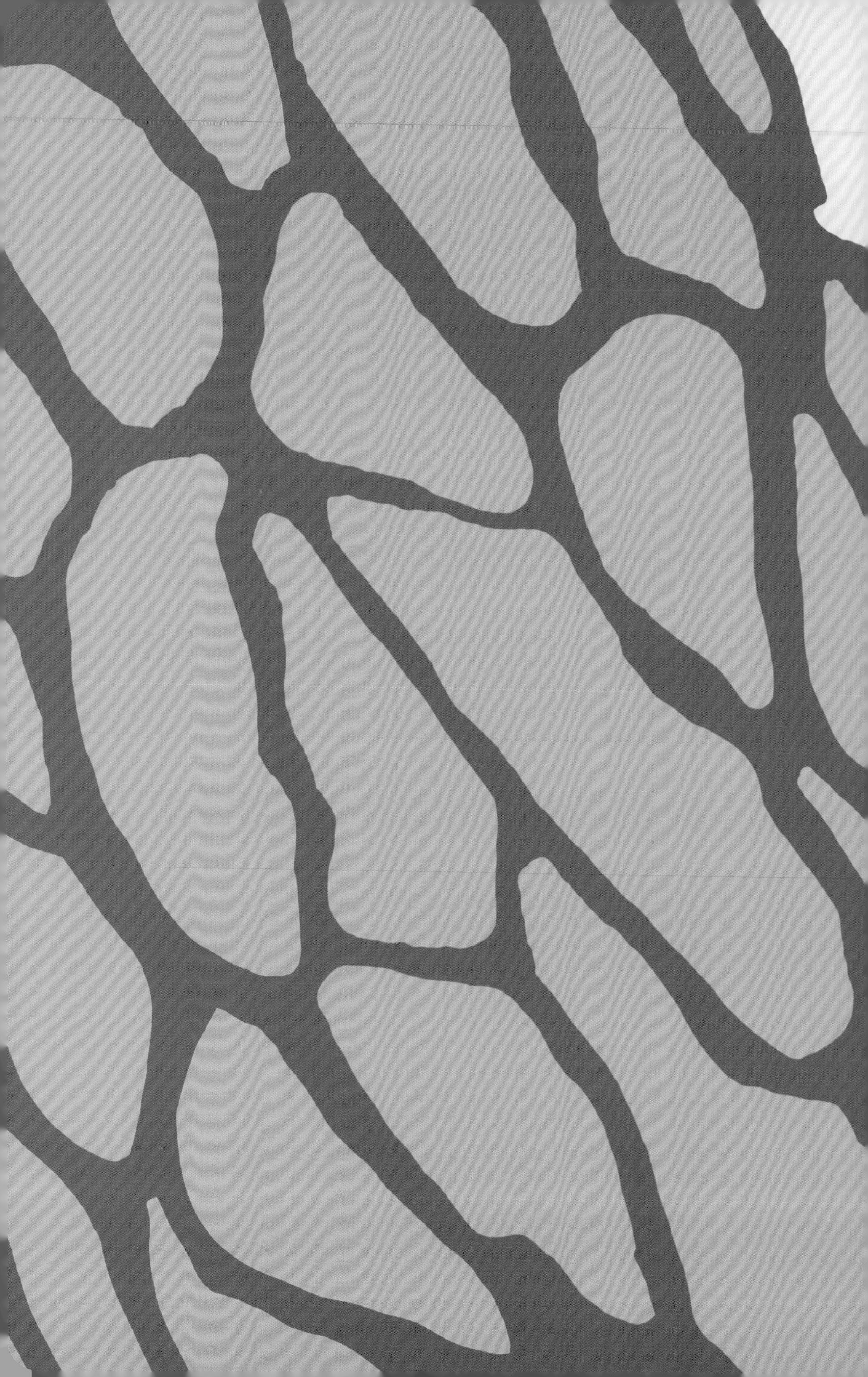

只有公蝉能“唱歌”，以此来吸引母蝉，进行交配。
人们都说，蝉会弹琴。

蝉一般要在地下生活 2 到 5 年，
但它们“唱歌”的时间仅有几周。

为了看看外面的世界，蝉的幼虫华丽变身，

留下最后的“皮肤”（蜕皮）。

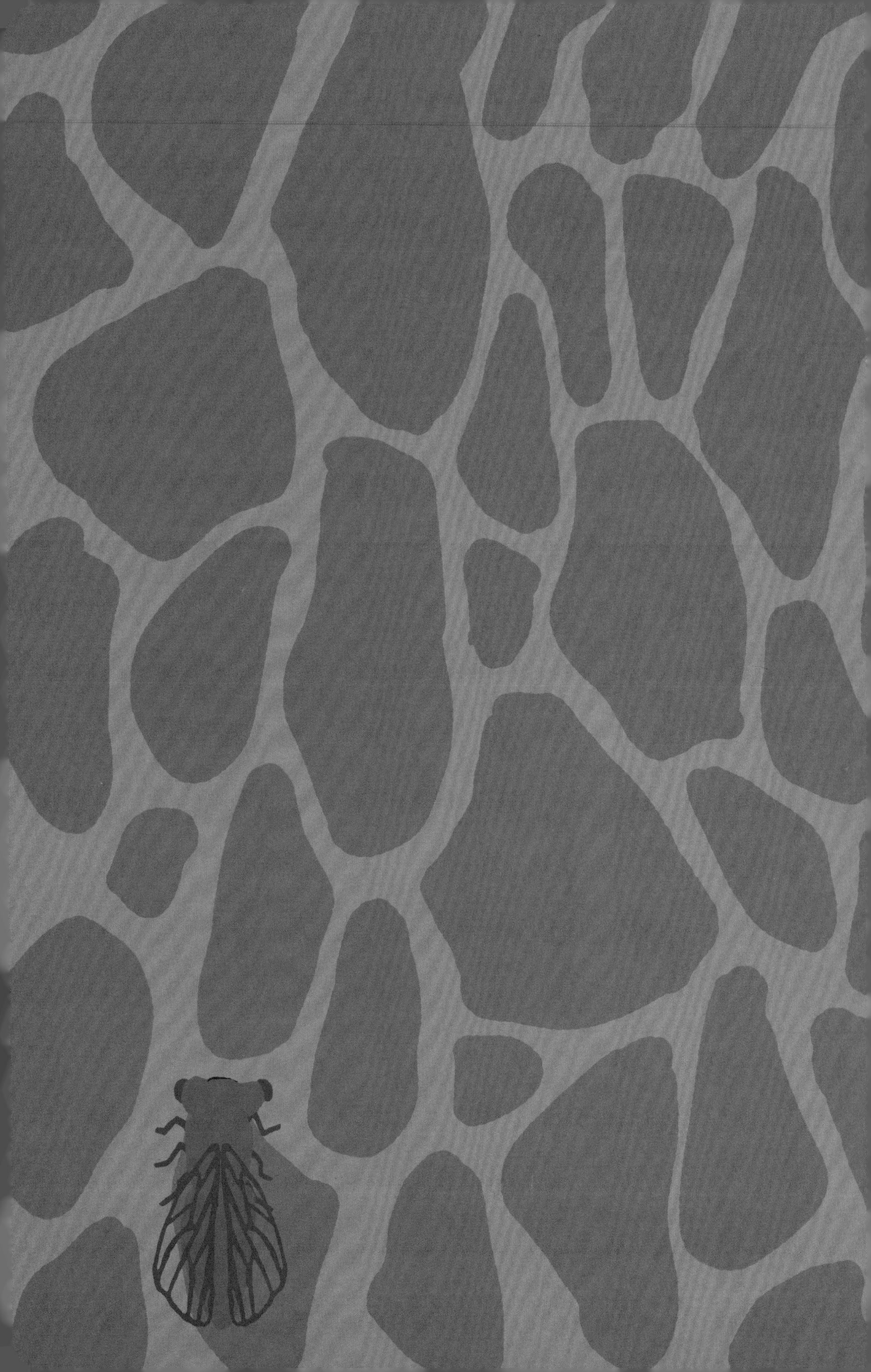

通常，蝉会贴在树皮上，
因为这样不容易被发现。

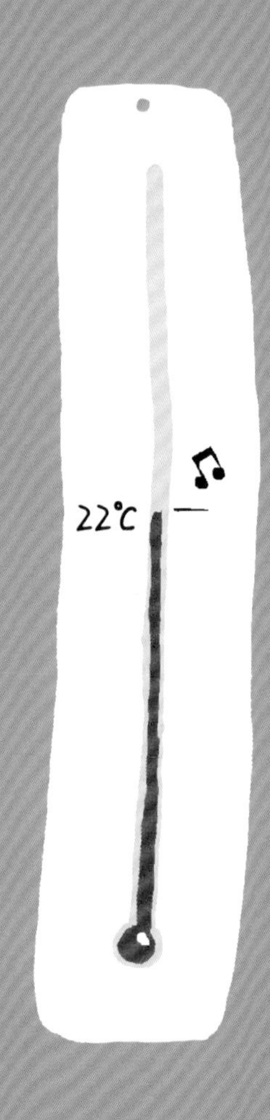
22°C

蝉是夏天的温度计，
它一般在高于 22℃ 时发出叫声。

知

3

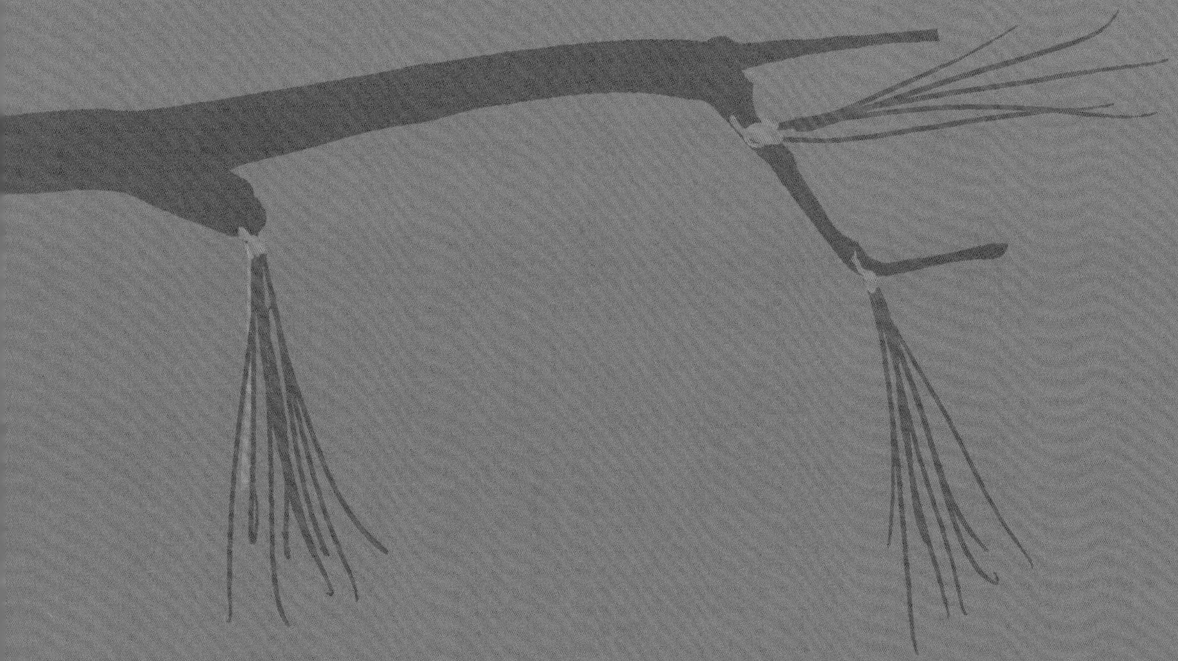

蝉的腹部是空的，能放大它的叫声。

蝉没什么保护自己的手段，
却有许多敌人。
比如麻雀、山雀、蚱蜢、
蜘蛛、蚂蚁、螳螂、黄蜂等。

蝉活不过冬天，所以也没见过白雪。

我发现自己是个很好的老师。

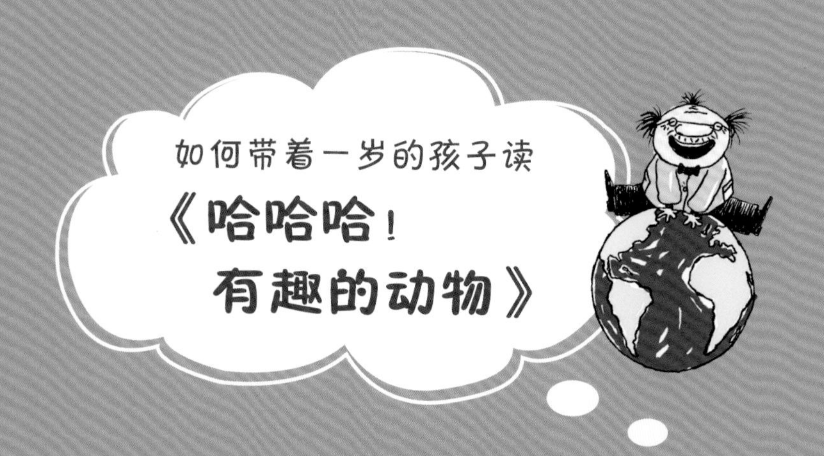

一岁的孩子就能读科普书？

没错，因为这是永田达爷爷特别为低龄小朋友准备的启蒙科普书。家长们会发现，这本书的文字量很少，画面传递的信息非常精简，但是非常有趣，特别适合爸爸妈妈跟孩子进行亲子阅读。

赶紧和孩子一起打开这本《蝉》，跟着永田达爷爷一起来观察蝉吧！

翻开书之前，可以找来蝉的声音录音让孩子听一听，问问他喜不喜欢蝉的叫声，像不像我们人类在唱歌。让孩子猜一猜蝉吃什么，生活在哪里。蝉之所以能叫得这么响亮，是因为它腹部的构造特别像一种乐器，请孩子看着画面说一说。蝉每隔一段时间就要“换衣服”，请孩子想一想这是为什么。问问孩子是不是喜欢下雪，玩雪是不是很开心，可惜的是蝉活不过冬天，所以它们没法玩雪了。

图书在版编目（CIP）数据

哈哈哈！有趣的动物. 第一辑. 蝉 /（法）蒂埃里·德迪厄著；大南南译. —长沙：湖南教育出版社，2022.11

ISBN 978-7-5539-9284-6

Ⅰ. ①哈… Ⅱ. ①蒂… ②大… Ⅲ. ①蝉科－儿童读物 Ⅳ. ①Q95-49

中国版本图书馆CIP数据核字（2022）第190753号

HAHAHA! YOUQU DE DONGWU DI-YI JI CHAN

哈哈哈！有趣的动物 第一辑 蝉

责任编辑：姚晶晶 陈慧娜 李静茹
责任校对：王怀玉
封面设计：熊 婷
出版发行：湖南教育出版社（长沙市韶山北路443号）
电子邮箱：hnjycbs@sina.com
客服电话：0731-85486979
经 销：湖南省新华书店
印 刷：长沙新湘诚印刷有限公司
开 本：787 mm × 1092 mm 1/16
印 张：1.75
字 数：10千字
版 次：2022年11月第1版
印 次：2022年11月第1次印刷
书 号：ISBN978-7-5539-9284-6
定 价：152.00 元（全8册）

本书若有印刷、装订错误，可向承印厂调换。